U0155688

小康中国
千城早餐

【第一辑】

《小康中国·千城早餐》栏目组 编

当代世界出版社
THE CONTEMPORARY WORLD PRESS

本书编委会

编委会主任

储学军

沈 抖

总 策 划

肖春飞

编委会成员

探寻特色早餐，感受『食』代变迁

小康之路，很漫长。

"民亦劳止，汔可小康；惠此中国，以绥四方。"这句古老的诗歌，道出了中国人绵延两千多年的小康梦。

放眼历史长河，这片古老的土地上多是因缺粮而慌乱的背影。一百年来，中国共产党循梦而行，全力为老百姓解难纾困。从完成土地改革，到实行家庭联产承包责任制，再到取消农业税，提出"精准扶贫"等政策……一年又一年，老百姓日益丰衣足食。

功不唐捐，玉汝于成。2021年，中国共产党在迎来百年华诞的同时，实现了第一个百年奋斗目标，在中华大地上全面建成了小康社会。

小康滋味，很丰富。

在海南，品一碗香气四溢的抱罗粉，领略到的是文昌人的创新精神；在江苏，尝一口软糯清甜的小年糕，体味到的是南京人的敦厚踏实；在内蒙古，饮一壶馥郁芬芳的俄式红茶，唇齿间留下的是独特的异域滋味，心坎里感受到的是满洲里的开放精神和包容气质。一饭一蔬，皆关乎人情。

截至 2021 年年底，由新华社新闻信息中心、新华社音视频部携手百度共同推出的大型文化类视频栏目《小康中国·千城早餐》已陆续上线四季。该栏目旨在以一个个烟火气十足的视频、一幅幅饭菜飘香的城市生活画面，让人们感受时代和生活的美好。在新华社客户端和百度平台上，栏目视频总播放量超 8 亿，百度动态话题阅读量近 6 亿。

小康生活，很幸福。

庸常之中，微芒不朽。在"千城早餐"所拼出的中华美食地图里，"小康中国"的轮廓正日益明晰。通过充满浓浓烟火气的故事，读者可领悟故事主人公独特的精神价值追求，体会他们对平凡生活的坚守与热爱，感受他们幸福美满的小康生活。

本书为《小康中国·千城早餐》栏目同名图书，以食物为经、以人情为纬，讲述了一个个或其乐融融、或笑中有泪的动人故事；抛却了宏大的叙事模式，转而从平凡且感人的小故事、纯朴且执着的普通人讲起，从细微之处展现他们对美好生活的向往和追求。

《小康中国·千城早餐》栏目和系列图书会继续分享城市、美食与人的故事，为读者朋友带来更丰富多彩的人生滋味。探寻小康味道，我们一直在路上！

肖春飞

2022 年 8 月

目 录

北 京

江 苏

山 东

海 南

浙 江

河 北

01

北京

BEIJING

羊杂汤

【北京市昌平区】

北京市昌平区素有"京师之枕"的美称，明十三陵、居庸关长城等世界文化遗产便坐落在这里。浓厚的历史文化氛围中，"夜雨剪春韭，新炊间黄粱"般的烟火气进一步加深了这座城市的文化底蕴。

对于老北京来说，羊杂汤是他们大爱的当地特色美食之一。冬日的清晨，街边的早餐店里早已热气腾腾。羊杂汤店里为食客们早早准备好了新鲜羊杂和秘制羊杂汤。烧饼配羊杂，在昌平家喻户晓，可谓冬令时节的滋补佳品。

一碗碗羊杂汤为前来就餐的食客们带来了温暖与温情，不少人从顾客变成了朋友。"几天不吃羊杂汤都不成……羊杂汤店快变成自己家了！""老板实在，服务员也实在。"口碑载道，深受喜爱。某种意义上讲，一家家店铺也算是为食客们搭建了一个个温暖的"家"！

一碗料足味美的羊杂汤。

左 | 对于无辣不欢的人来说，辣椒是羊杂汤的绝配。

右 | 花卷和烧饼是羊杂汤的好搭档。

拉面

【北京市大兴区】

时代发展至今，瞬息万变，有人却愿意花成千上万个小时，日复一日、年复一年反复练习熬制高汤，只为做出一碗让人垂涎的牛肉拉面。

拉面几乎是中国人生活中不可或缺的美食。中国各地有名的拉面店不计其数、各有特色，北京的一些拉面店也有着独特的口味和良好的口碑，大兴区大藏村拉面店便是其中之一。据说，北京市大兴区大藏村拉面店的创始人，早年间和同乡好友从老家河南信阳一同来到北京闯事业。最初，他做过餐馆的面案、洗碗工、服务员等，并在工作之余仔细研究各家拉面的制作秘诀，经反复尝试，终于调试出了味道独特的牛肉高汤。由20多种香料和配料制作而成的汤底，散发出浓郁的醇香。后来，凭着这份手艺，他在大藏村开了间小小的拉面店，开业第一天便一炮而红。他曾说，从第一碗拉面开始，小店就得到了周边村民的喜爱，食客络绎不绝。后来，他将大藏村拉面店搬到了大兴主城区，拉面店的老主顾们也追随而至。

他们说："也去过别的拉面馆，但他们就是做不出大藏村拉面店这样的味道。这里的面条筋道，汤醇厚，让人吃着过瘾！"这再次证明了食客们的美食信条——口碑才是天下美食最有力的试金石。

简单的食材成就了美味的拉面。

02

江苏

JIANGSU

羊汤

【宿迁市泗阳县】

泗阳县
融媒体中心

在宿迁市泗阳县，最讨人喜欢的早餐就要数羊汤了。泗阳羊汤选用的是当地土生土长的小山羊，其肉不腥不膻，汤汁味美鲜浓。将精心熬制的羊汤盛入碗中，配以熟粉丝、熟干丝，撒上香菜、青蒜，香气扑鼻而来。

清晨，当很多人还在睡梦中时，羊汤店里早已热气腾腾，香味四溢。在特制汤锅内放入大块羊肉、羊骨，加水以大火煮开，再用小火熬制两个多小时后，羊汤就熬好了，客人也陆续来了。一碗羊汤、一块烧饼是很多食客的早餐标配。

当地店里多采用新袁羊肉，这种羊肉在泗阳家喻户晓。新袁是泗阳下辖的一个镇，原是新集和袁集的合称，清初时称仁和镇。相传乾隆皇帝下江南时途经新袁，吃了当地的羊肉，赞道"仁和羊肉甲天下"，从此新袁羊肉就成了泗阳的特色美食。

餐饮是一个辛苦的行业，但羊汤店的老板说自己并不后悔选择这个行业，因为他不仅用自己的努力换来了小康生活，同时也让家乡的美食文化得以传承。秋冬时节，不妨来泗阳喝一碗羊汤，暖胃又暖心。

上 | 放入羊骨与大块羊肉,精心熬制成一锅浓浓的鲜汤。
下 | 羊汤倒入碗中,加入熟粉丝、熟干丝,撒上香菜、青蒜,香气扑鼻而来。

左 | 羊汤有多种吃法。可在汤内加面，亦可另配烧饼。

右 | 羊汤店内，厨师正在熬制羊汤。

煎包，热粥

【徐州市丰县】

煎包、热粥是丰县的传统早餐，深受人们的喜爱。

煎包属于大众风味小吃，外表呈金黄色，外酥里鲜，口感甚佳；热粥在丰县又称"帝王粥"，味道醇厚，营养丰富。

这两种美味的食物背后还有个动人的传说。相传，在秦代末年的一个黄昏，汉高祖刘邦和母亲被秦兵追杀，仓皇逃至丰县城东的一家包子铺前。好心的店家见母子俩饥寒交迫，顿生恻隐之心，就把卖剩的粉丝做成馅、包成包子，在平底锅中煎熟，再把豆面、小米面混合并熬煮成粥，做成一顿美味可口的救命饭，供母子二人食用。后来刘邦当了皇帝，仍对那顿饭念念不忘。

随着生活水平的提高，丰县人的早餐早已不再局限于煎包和热粥了，但是丰县人对它们的喜爱却早已融入了血液，代代相传。

煎包外表呈金黄色，外酥里鲜，口感甚佳。

煎包配热粥，是丰县人早餐桌上的"常客"。

豆腐脑，潮牌

苏北小城新沂有两种地方特色小吃——豆腐脑、潮牌，它们是新沂人早餐桌上的黄金搭档。

豆腐脑用黄豆做成。新鲜的黄豆用水浸泡几小时后捞出，打成豆汁，放在锅中煮沸，然后将豆汁舀出放入桶中，慢慢加入卤水或葡糖酸内酯，就做成了大豆腐脑或小豆腐脑。洁白嫩滑的豆腐脑，配上辣椒、香菜和当地的甜油，鲜香美味。

新沂潮牌则是一种类似面饼的面食，但比面饼更香脆。做潮牌的店家都有一个用砖和水泥制成的大炉子。发酵之后的面团，经过店家的摔打，被擀成一块块牌状的饼，然后被迅速地贴在滚烫的炉膛内，两分钟后，便散发出一股浓烈的面香。拿起一大块潮牌，卷上咸菜，配上柔软的豆腐脑，这顿早餐下肚，感觉能精神一整天。

即便现在美食如云，豆腐脑、潮牌依然是新沂人的最爱，承载着一代又一代新沂人浓浓的乡情。

豆腐脑里还可加入辣汤，
味道层次更丰富。

五粮粥

【盐城市滨海县】

　　粥，是南方早餐桌上不可或缺的食物。滨海县的"梁字五粮粥"是1968年由梁士黄创制的品牌，至今已有50多年的历史，可谓众多粥品中的一颗明珠。

　　五粮粥的做法是先将大米、小米、大豆、花生、玉米分别磨成粉，按配方蒸煮两小时左右。五粮粥粥汤黏稠，滑润爽口，米粒入口即化，令人回味无穷。

　　五粮粥之所以风味独特，原因有三：一是选料讲究，选用上好的大米、小米、大豆、花生、玉米作为原料；二是方式新奇，用大缸煮粥，用蒸汽加热，效率高、加热快、食材受热均匀；三是程序独特，煮时分两次投米，这样蒸煮出的粥口感黏稠，米粒晶莹剔透，吃在嘴里有嚼劲，特别爽口。

五粮粥以大米、小米、大豆、花生、玉米为原料蒸煮而成，入口即化，令人回味无穷。

取餐台上放满了可口小菜，供食客自选。

『千丝万缕』

【盐城市盐南高新区】

　　茶杯一端，就着虾糠汤面，尝尝盐城市盐南高新区伍佑古镇的名菜"千丝万缕"，也与三五好友一道聊聊古今闲话。

　　从"三春一莱"古茶楼（胜春、杏春、迎春和小蓬莱茶馆）变更为工农供销合作社，再变更为工农饭店，这家让人念念不忘的早餐老店传承了三代，为无数伍佑人乃至盐城人留下了记忆中的经典味道。细得能穿针的白玉干张丝遇上鲜香味美的金芽嫩姜丝，经一番烹煮焖炸，缕缕细丝如美人披拂的秀发一般有序地排布着，再由一口虾皮高汤吊着鲜味，香气咻溜一下就钻进了客人们的鼻子里了。这道不断传承与改良的伍佑名菜，以熟悉的滋味牵动着街坊邻里的味蕾，也让彼此完全陌生的食客因其而串起"千丝万缕"的感情。

左上 | 卜页（千张）切丝备用。

左中 | 金芽嫩姜切成的细丝能穿针。

左下 | 加入各种配料、佐料后再调整菜肴。

右 | 撒上姜丝以提鲜增味。

勇跃小年糕

【南京市江宁区】

南京市江宁区
融媒体中心

"不缺边不缺角，逢年过节寓意好。"软糯清甜的勇跃小年糕，寄寓着美好的祝福。在南京市江宁区，平日里谁家的早餐桌上出现了小年糕，就意味着这家的亲友正逢喜事。不论离乡多少年，那种香甜软糯、韧而不腻的口感，都化为了江宁人深入骨髓的浓浓乡情。

制作勇跃小年糕，应选用晚稻米，泡米、控水、碾米，细粉压模、脱模，最后上灶用大火蒸煮。在这期间，糯米经机器碾磨，形成细腻的米粉。对力道、火候、温度的掌控看似简单，其实每个步骤都大有讲究，这种复杂的传统制作工艺正是勇跃小年糕深受大家追捧的"独家秘方"。经过手工"淬炼"出的小年糕，一口咬下去，唇齿留香。

秉持纯手工制作的原则，除了能保证最佳的口感体验，更融入了一份家乡情结。每逢节日、老人大寿、孩童周岁，勇跃小年糕便是人们餐桌上一道必不可少的"好彩头"美食。"年糕年糕，年年高"。正方形的糕面上印着"丰""和""财""喜""福""寿""禄"等吉祥字样，寄托着人们对于工作和生活的美好期望。

时至今日，勇跃小年糕跳脱出传统的白色品种，不仅演变出了黄色（南瓜）、紫色（紫薯）、绿色（抹茶）、红色（红曲米）等颜色各异的种类，还加入了芝麻馅和豆沙馅等新馅料，其色彩和口味更加丰富，深受大家的喜爱。

小小的年糕，传承的是世代延续的古法工艺，坚守的是真材实料的千金之诺，创新的是彩虹般的色彩与更丰富的口味，这些造就了勇跃小年糕的软糯敦厚，也寄托着人们的浓浓乡情与美好祝福。

上 | 勇跃小年糕，细腻醇香。
下 | 可可年糕，味道浓郁。

奶黄年糕、南瓜年糕、紫薯年糕、
抹茶年糕、红曲米年糕、豆沙年糕，
色彩鲜艳，令人胃口大开。

二甲方笼糕

【南通市通州区】

　　小小的方笼糕，香甜软糯，承载着南通市通州区人民温暖的早餐记忆。一碗清粥、一碟酱菜，配上两块方笼糕，便是当地人喜爱的早餐。柔韧的糕片嚼劲十足，不知不觉间，淡淡的酒香便在唇齿间弥漫开来。

　　二甲方笼糕传承至今，已近百年。其传承下来的，除了传统的制作手艺，还有精益求精、不怕吃苦的精神。二甲方笼糕的配料只有水、糖和酒酿，制作时不会放任何添加剂，以此保证口感和味道的纯粹。一方水土养一方人，一方美食润泽一方精神。简单纯粹、吃苦耐劳，又何尝不是吃惯了二甲方笼糕的南通人所追求的精神品质呢？

小小的方笼糕，香甜软糯，承载着南通市通州区人民温暖的早餐记忆。

方笼糕的配料只有水、糖和酒酿，没有任何添加剂，保证了口感和味道的纯粹。

蟹黄汤包

【靖江市】

　　提及靖江市的早餐，蟹黄汤包必须排在第一位。蟹黄汤包属于苏菜，是靖江市的传统名点，至今已有近200年的历史。蒸熟的汤包晶莹剔透，细巧均匀的包子褶皱不少于32道，整个汤包恰如一朵饱满圆润、千瓣紧裹、含苞欲放的玉菊。其皮薄如纸，几近透明，吹弹可破，稍一碰，便可看见里面的蟹肉汤汁轻轻晃动。

　　靖江蟹黄汤包有"两绝"：做法绝、吃法绝。从选料、熬汤、拆蟹、和面、捏皮到蒸，历经30多道工序；馅料则是由金秋时节的大河蟹、新鲜猪肉皮、正宗老母鸡特制而成。这样做出来的蟹黄汤包皮薄馅香，汤汁清而不腻、稠而不油。据说，吃蟹黄汤包时还有个十二字要领：轻轻提、快快移、先开窗、后吮汤。

蟹黄汤包在明清时期已经享有盛誉。

汤包恰如饱满圆润、千瓣紧裹、含苞欲放的玉菊。

焖肉面

【张家港市】

张家港人的早晨，是被一碗碗面唤醒的。

一杯荞麦茶、一碗苏式面，就能让人极为满足。在张家港的大街小巷，放眼望去，有关"面"的招牌数不胜数：江南面馆、幽香面馆、公园面馆……不过说到老牌面馆，一定要提宴杨楼，这里承载了一代张家港人的记忆。

清晨，去宴杨楼点一碗焖肉面，咬一口入口即化的上好五花肉，喝一口熬制了五个小时的高汤，再嗦一口筋道弹牙的面条，味蕾便经历了一场畅快的旅行。约上久未见面的老友，点几碗热腾腾的焖肉面，便是当地人悠闲的小康生活。

经过几十年的发展，焖肉面也从一开始的简单朴实变得复杂多样。从一种浇头到多种浇头，从吃饱到吃好，现在的焖肉面有着精致的汤底、讲究的食材、多样的浇头。一碗面也能将一部城市发展的史诗演绎得淋漓尽致。

上 | 焖好的肉色泽诱人。

下 | 一碗焖肉面，是记忆中温暖的味道。

炒浇面

美好的一天从早餐开始。常熟人最中意的早餐便是那一碗炒浇面。

炒浇面以炒制的浇头浇面而得名。浇头的种类非常丰富，鳝背、虾爆鳝、腰片、素三鲜、雪菜黄鱼……在各类炒浇面中，最出名的还是常熟蕈油面。用新鲜采摘的松树蕈熬成的蕈油鲜美无比，将其浇入面中，那滋味令人无限神往。

常熟的炒浇面历史悠久，爱好者众多。常熟人吃面讲究到什么程度？看看下面这么多相关术语你就会明白了："重青"，就是要多放些大蒜叶；"重面"，就是要多放些面条；"过桥"，就是另取一个盘子单独盛放浇头，不直接放在面里。另外，还有"宽汤""紧汤"等，其要求和做法各不相同。

炒浇面的讲究，体现了常熟这座江南小城恬静与精致的生活态度。一碗面、一杯茶，常熟人的休闲慢生活尽现于此。

一碗热气腾腾的炒浇面。

馄饨

【南京市江北新区】

　　大喜馄饨店就隐藏在新马路法国梧桐的林荫之中，其被柴火熏黑的招牌仿佛在诉说着不经意间流逝的岁月。

　　南京人贪爱那一口馄饨的轻盈与厚实。轻盈是因为馄饨皮轻薄，厚实是因为馅料饱满，其因真材实料而历久弥香。南京人不说"吃馄饨"，而称"喝馄饨"，由此可见，评判馄饨的品质，汤底是重要标准之一。大喜馄饨的汤底有三种——原味、三鲜、鸭血，每一种都别具特色，令人回味悠长。将一碗带着柴火香气的馄饨端上桌，舀一勺辣油放入其中，一口热汤下肚，食客便喜上眉梢。

　　对于南京人，尤其是老浦口人来说，大喜馄饨唤醒了他们的清晨，恢复了他们的元气。这一碗馄饨，他们一喝就是十几年。

猪肉馅儿包裹在薄如蝉翼的馄饨皮里，色味俱佳，令人胃口大开。

左 | 用传统的柴火灶才能煮出原汁原味的馄饨。

中 | 包好的馄饨被分成份，等待入锅煮。

右 | 刚出锅的馄饨，混合着柴火的香气，是"小时候的味道"。

梁家煎包

【徐州市沛县】

沛县
融媒体中心

沛县位于苏鲁豫皖交界处，属中国南北方过渡地带，在秦时置县，是汉高祖刘邦的故乡。特殊的地理位置和厚重的历史文化积淀造就了沛县别具风格又南北兼蓄的饮食文化，"十大碗"等许多古老的美食流传至今。

沛县早餐品种丰富，主食有煎包、蒸包、肉盒、麻团、油条等，汤粥则有鸡汤、面筋汤、老粥、"二沫子"等。另外还有传承百余年的三大名小吃：刘家的鸡汤、段家的粥、"疯狗"（经营者外号）家的火烧。

"梁家煎包"也是沛县早餐中的老字号，至今已传到了第6代，有着150多年历史。其做法是，将老发面擀成皮，包上以羊肉、红薯粉条、大葱为主料的馅，馅以成团不散、弹性十足为上等。包子包好后整齐码入平底锅中，先倒一定量的水煮制，待水煮干后再倒入植物油煎制。煎制时厨师必须用毛巾握住锅把手不停地转锅，同时用另一只手拿长锅铲翻动包子，这个过程被称为"捣锣"（沛县称煎锅为"大锣"）。整个过程中厨师必须掌握好火候，将煎包一次翻到位，最后煎制完成的煎包才两面黄脆、不糊不夹生、香气四溢。这样的煎包吃起来外酥里嫩，肉鲜面香。

在沛县，吃煎包必须配上本地历史悠久的咸粥二沫子。其做法是以磨碎的豆渣、小米面为主料，配上黄豆芽、粉条等食材熬制而成。喝二沫子也有诀窍，最好是转着碗边吸溜着喝，入口咸香味美，"一喝一个窝"，别有一番趣味。

沛县人的早餐标配：煎包、粘糕、肉盒等搭配一碗老粥或二沫子。

　　餐饮业古称"勤行"，而煎包在沛县勤行里被称作"黑脖子"，意思是干这一行的要起早贪黑，忍受烟熏火燎，很是辛苦。梁家煎包店的历代店主依靠勤奋和"必须真实"的祖训收获了大批顾客，完整地保留了传统的制作技艺，将煎包与二沫子的手艺一代代地传承了下来，并在新时期不断发扬光大。

左上 ｜ 煎包都是现煎现卖，这就要求包包子的师傅动作要快，食客才能无
　　　　须等待，吃上热乎乎的煎包。

中上 ｜ "捣锣"师傅将包好的煎包码入"锣"（锅）内。

右上 ｜ 生包子上锅之后，要淋上搅匀的面水，待水烧干，再淋上油煎制。
　　　　这样煎出来包子外皮香酥可口，还会形成薄如蝉翼的脆皮。

左下 ｜ 在煎制过程中，必须将近百个包子快速且精准地翻至另一面，这很
　　　　考验厨师的技巧。

中下 ｜ 煎至两面金黄后，煎包出锅，这样的煎包外酥里嫩、口感丰富。

右下 ｜ 香酥可口的煎包出锅了。

盐豆炒鸡蛋

【徐州市邳州市】

邳州市
融媒体中心

　　早餐，唤醒了沉睡一夜的味蕾，而最能唤醒邳州人的老家菜，莫过于盐豆炒鸡蛋。普普通通的一道菜，成了一天最亮眼的开场。

　　在邳州，无论是在高档的餐馆里，还是在朴素的小吃摊上，人们在早餐时间都能看到这道菜的身影。盐豆是邳州特产，色泽鲜红、营养丰富，是将蒸煮、发酵后的黄豆，加入食盐、生姜、辣椒等调料制作而成的。盐豆炒鸡蛋制作方法简单：将锅烧热后加入食用油，放入适量盐豆炸至微香，再打入鸡蛋，翻炒片刻后即可装盘。

　　盐豆炒鸡蛋香辣不燥、色彩艳丽，十分引人注目。对于邳州人而言，它是一种"看着红，吃着香，一顿不吃馋得慌"的家乡味道。

邳州人的最爱，莫过于盐豆炒鸡蛋。

"看着红，吃着香，一顿不吃
馋得慌"的家乡味道。

鱼汤面

【东台市】

在东台，大街上、小巷里，只要是售卖中式早餐的店家，锅里都炖着滚热的鱼汤，煮着筋道的面条。

依海而生、拓海而兴的东台，物产丰富，自然条件优越。春夏秋冬，每天早晨，各家餐馆都食客盈门，应接不暇。一年又一年，时代在变，城市在变，但东台鱼汤面的名号却经久不衰，各早餐馆一如既往地红红火火。

大大小小的餐馆里，食客都挤挤挨挨地坐着。或一人独坐一角，或三五好友围坐一桌，用餐的男女老少虽年纪、身份各异，但面前的那碗鱼汤面却是相似的。汤白似乳，滚滚的热气升腾而上，鲜美的味道入鼻入心。

东台鱼汤面距今已有近 260 年的历史，1915 年时即在巴拿马万国博览会上赢得各国来宾的赞赏并获奖，从此名扬海内外。2015 年 11 月，东台鱼汤面的汤面制作技艺成功入选江苏省省级非物质文化遗产名录。

对于东台人来说，鱼汤面不仅是一份美食，更承载着那份浓浓的家乡情。循着这份情，世世代代的东台人延续着早餐吃鱼汤面的传统，也延续着老东台的慢生活。

东台鱼汤面，汤白汁浓，清爽可口。

左 | 汤白似乳，滚滚的热气升腾而上。
右 | 世世代代的东台人延续着早餐吃鱼汤面的传统，也延续着老东台的慢生活。

03

山东

SHANDONG

白粥

【枣庄市薛城区】

　　当第一缕阳光照射到枣庄市薛城区的临山阁上时，整座城市便苏醒了。

　　临山脚下有家开了 20 年的早餐店，店里的薛城白粥馋倒了一座城。这碗状似面糊的白粥，其制作工艺大有讲究。要想把粥煮得更香，需从前一天晚上起就开始准备。各家早餐店的粥都是用黄豆和小米煮的，但黄豆和小米的比例却是各家的秘密。前一天晚上，把生长在微山湖畔的黄豆和小米用山泉水泡上，8 个小时之后，到了凌晨两三点钟，便开始煮粥。把黄豆和小米分别打成豆汁和米汁备用，先烧豆汁，并沿着一个方向不停地搅动，以免糊锅，还要撇掉豆沫，防止煮沸。等到豆汁烧开、熬透，再把米汁倒进锅里，继续沿同一个方向不停地搅动，烧开之后，再用文火熬 10 分钟。此时，黄豆丰富的蛋白质与小米的淀粉在锅里碰撞、融合，一锅黏糊糊、香喷喷的白粥就煮好了。

　　随着店主的一声吆喝，食客络绎不绝。一碗热粥、两根油条或是几个包子，配上咸菜，薛城人一天的美好生活便开始了。

上 | 泡发的黄豆，是熬制白粥的原料之一。

下 | 夹杂着豆香和米香的白粥，配上油条和小菜，健康又美味。

手擀面

【枣庄市薛城区】

枣庄市薛城区
融媒体中心

人间烟火气，最抚凡人心。

面食的味道是薛城人刻在骨子里的早餐味道，手擀面则是薛城人眼中最接地气的美食。

枣庄市薛城区永福南路一家开了20多年的面馆，以一碗回味无穷的手擀面而闻名于街坊四邻之间。面馆的主人是一对老夫妻。每天，老两口凌晨3点就起床和面。早晨6点，随着卷帘门拉起时"哗"的一声，面馆便开始迎客了。

做手擀面是个精细活儿，需要充分的耐心、精湛的手艺和积累多年的经验。厨房里，只见老人将面团用擀面杖擀成面皮并快速折叠，在"咔咔咔"的切面声中，面皮便变成了面条。老人再拎起这些面条轻轻甩动，手擀面就初步成形了。此时，锅中的汤水也已沸腾，下入面条，汤滚面翻，整个厨房瞬间充盈着麦香味。

将煮好的面条捞出，加入煎鸡蛋、豆腐卷、海带卷，再搭配一块卤五花肉，浇上卤肉汤，一碗美味的五花肉手擀面便完成了。食客三三两两围坐桌前，吃一口肥而不腻的五花肉，醇厚鲜美的汤汁萦绕于唇齿间，再来一口爽滑筋道的手擀面，丝丝麦香回味无穷。

左上 ｜ 手擀面粗细均匀与否全靠刀工。

右上 ｜ 做手擀面要有力气和耐心，面要和得好、饧得透、
　　　揉得够，这样做出来的面条才筋道。

下 ｜ 手擀面即将入锅。

将煮好的面条捞出，浇上卤肉汤，放入卤肉、豆腐干、卤蛋、海带，吃完一碗，回味无穷。

老汤锅

【诸城市】

诸城市
融媒体中心

鲜嫩的羊肉、浓郁的热汤、嚼劲儿十足的火烧，配上店主每日精心调配的小菜……在慢节奏的生活中，坐下来享用这样的一顿早餐，对于居住在这座温馨小城里的人来说并非难事。

小城里有这样一家店，每日会采买新鲜的羊肉和羊骨。新鲜的食材和用心的制作收获了顾客"良心"和"踏实"的评价。这里有凌晨就来等候第一锅汤的老顾客；有为了一杯清晨的薄酒，风雨无阻来赴约的朋友；也有上班前不忘来喝一碗汤，希望能醒神暖胃的年轻人……他们坐在一起喝汤、聊天，信任着这家店，享受着这座城市的清晨。这里成了诸城的信息集中点，也成为诸城人独特的美食记忆。

"忠于美食"的店主自父亲手里接过了几十年的品牌和手艺，接过了家族传承的匠人精神，也接过了诸城人对这碗汤几十年不变的追随与喜爱。

清晨 5 点时的第一碗头汤。

上 | 大块的肉，鲜美的汤。

下 | 老顾客必点的全羊汤。

杨家水煎包

【菏泽市定陶区】

　　水煎包是鲁西南名小吃之一，又称"煎包"，形状扁圆，两面金黄，外酥里鲜，口感甚佳，是菏泽市定陶区人民的经典早餐之一。

　　在这里，最出名的要数杨家水煎包了。杨家水煎包有素馅和肉馅两种口味。其做法是将包好的水煎包放入特制的平底大圆锅中，加入清水或稀面浆，这样熟后的水煎包会成片相连。用大火煎制后，再淋入小磨香油，翻一遍出锅即可。

　　杨家水煎包至今已有 110 年历史，已传承 3 代。老板为人热情，乐于助人，他和很多客人都成了好朋友。店铺生意红火，老板忙得顾头不顾尾，被客人玩笑式地赠予"慌忙星"的称号。

　　杨家水煎包深受当地人欢迎，传承人杨自民于 2015 年将店名改为了"杨自民煎包羊肉汤"，立志将这道百年美食传承下去。

上 | 制作好的包子生坯。

下 | 将包子生坯放入锅中煎制，几分钟后就可以被端上食客餐桌。

水煎包两面金黄，外酥里鲜，口感甚佳。

杨家水煎包经三代传承，在当地颇受欢迎。

新城水煎包

【淄博市桓台县】

最动听的是老城故事，最难忘的是那一缕"乡味"。对于桓台县新城镇的人来说，几天不吃水煎包，就好像缺了点什么。在异乡打拼的新城人，回到家乡的第一件事，就是痛痛快快吃一顿韭菜馅或茴香馅的水煎包。

从老人手里接过这个小小的水煎包店，40年来店主夫妇只做一件事——做水煎包。他们沿袭传统制作工艺，从和面、切肉到调馅坚持以全手工制作，把百年老味道延续至今。他们说："做水煎包犹如做人，调出好馅才能守住人心。"

如今，夫妇俩已将手艺悉数传授给儿子儿媳。这对"80后"年轻夫妻将继续传承这道特色美味，让新城水煎包的味道历久弥新……

底部焦黄、馅料鲜嫩的水煎包出锅。

调制水煎包馅、包包子。

小包子上锅了。

临沂糁

【临沂市罗庄区】

　　糁，以其麻、辣、鲜、香的口感和丰富的营养，养育了一代又一代临沂人。

　　临沂人做糁要精选优质的牛肉和牛骨头。牛肉要在水中浸泡三四个小时，把血水泡出来，然后把牛骨头砸开，将肉和骨头一起放入锅中，再添加葱、姜、黑胡椒等二十多种佐料，熬制十几个小时。这样，一锅鲜香味美的糁便做好了。

　　作为临沂人的传统早餐，糁和油条、烧饼、麻花等面食搭配，能融合出酥脆咸辣的美妙滋味。将这些热气腾腾的美食端上桌，即可闻到肉香和谷香混合的独特味道。饱餐一顿，一天都元气满满。

左 ｜ 刚出锅的糁坯，夹杂着美味的蛋花。
右 ｜ 麻花、马蹄烧饼、油饼与临沂糁是绝配。

糁中加入牛肉和香菜，鲜辣浓香。

火烧

蒙阴县
融媒体中心

　　火烧是临沂市蒙阴县的传统小吃，外酥里嫩，香气浓郁，是蒙阴人早餐时的不二之选。清晨，去早餐店点上几个火烧和一碗鸡蛋汤，不仅价格实惠，也能让味蕾得到极大满足。

　　蒙阴县常路镇的一家火烧店已经开了20年，由一对夫妻操持着。20年的传承，流走的是时间，留下来的是熟悉的味道。

　　每天，夫妻二人一早赶到火烧店，开始了忙碌的一天。漫长而细致的准备工作，是火烧味道的保障。他们精心挑选新鲜的猪后腿肉，以肥瘦相间的为宜。要在头天做好面引子，把新和的面和面引子充分揉和，才能做出松软柔韧的口感。黄泥坯子炉和木炭是火烧制作的灵魂，果木炭赋予了火烧独特的香气，让顾客在品尝到肉香、面香之后，唇齿间仍留有沁人心脾的味道。

　　简简单单的食材经过时光的锤炼，渐渐融入了蒙阴人的生活。现在，人们提起火烧就会想到蒙阴，提起蒙阴早餐就会想到火烧。火烧不仅是一种早餐，对蒙阴人来说，也是心中家的味道。

外酥里嫩、香气浓郁的火烧。

上 ｜ 火烧的馅料。
下 ｜ 将火烧放在黄泥坯子炉中烤制。

香喷喷的火烧新鲜出炉。

老豆腐

【德州市平原县】

平原县位于山东省西北部、德州市中部，是一座有着 2200 多年历史的古城，也是国家大型粮食生产基地县、京津蔬菜园区。

平原老豆腐味道香浓、嫩而不松、入口即化，是当地家家户户餐桌上必不可少的早餐。每天早上，漫步平原县城，大街小巷飘散着豆香，不少外地游客也都慕名前来品尝。把豆腐和卤搭配在一起，是平原老豆腐的传统吃法，也是当地人挚爱的家乡味道。

清晨早起，坐在餐桌前，品一碗色泽诱人、入口软嫩、回味无穷的老豆腐，堪称人生一大乐事。

平原老豆腐洁白明亮、嫩而不松、香气扑鼻。

包子

【寿光市】

只要和寿光人提起"王高包子"，他们就会赞不绝口："很好吃""包子种类很多""价钱不贵""很实惠"……正因为老百姓喜欢，王高包子才得以成为名副其实的寿光名小吃。

寿光市的第一家王高包子店已经开了30年。近几年，随着生活水平的提高，人们的口味有了新变化，王高包子也与时俱进，增加了很多种馅料：纯肉、猪肉白菜、猪肉豆角、猪肉芹菜、韭菜鸡蛋、豆腐粉条、西葫芦鸡蛋、香菇油菜、南瓜、菠菜……

每天早上，店里都热气蒸腾、香气扑鼻，店主和店员身影忙碌、笑容灿烂，人们也从家常美食中品出了人生百味。

王高包子店里颇受食客喜爱的馅料之一——豆腐粉条馅。

山水糁

【泰安市岱岳区】

泰安市岱岳区
融媒体中心

举世闻名的泰山脚下、汶河岸边，便是美丽的泰安市岱岳区，灵山秀水赋予这里美丽的景色，也由此孕育出了别具特色的美食。

城市还在熟睡，而糁香已经醒来。凌晨5点，伴着寿君糁馆老板朱寿军的一声吆喝"第一名"，喝头锅山水糁的食客便登门了。能喝到头锅山水糁的人，都是有梦想的人，他们用一碗山水糁开启了勤劳致富的一天。

每一碗山水糁都承载着从业者吃苦耐劳的精神。朱寿军说："小时候，我常常看到父亲凌晨就开始挑着扁担四处叫卖，我上学时的'闹钟'就是父亲的叫卖声。"

他说，父亲制作糁特别讲究，一定要用泰山的山泉水和三年以上的老母鸡熬制老汤，然后加麦仁、面糊熬成粥，冲入山鸡蛋打出蛋花，再放入老母鸡鸡丝，加适当葱、姜、盐、醋、香油调味，"吃肉不见肉"，营养丰富，口味醇香。山水糁搭配店家特制的牛肉、花生和油条，就是一顿美味早餐。

朱寿军从父亲手中接过了糁馆，谨记父亲的谆谆教诲，一点一滴地学习做糁，秉持勤劳奋进的精神，将寿君糁馆打造成了食客盈门的"网红"糁馆。

上 | 山水糁口感爽滑，香味浓郁。
下 | 牛肉是山水糁的好搭档。

舀一碗刚出锅的山水糁，热气腾腾。

山水糁非遗传承人——朱寿军。

肉火烧

【潍坊高新区】

肉火烧是潍坊人的早餐首选，其做法颇为讲究。选用上好的五花肉并将其剁碎，加入花椒水搅拌并腌制入味，搭配香浓的葱，再加入事先配好的调料，馅就做好了。面粉中加入温水，制作成软面团，抹上油酥、包入肉馅，收边做成圆扁形的火烧坯。起火，烧炉，保持温度恒定，每个肉火烧需烤制四五分钟——烤制时间长了，面皮会变硬，肉馅会缺少汁水；烤制时间短了，肥肉就化不成油，无法渗透表皮。对时间的掌控，是对每个肉火烧师傅手艺的考验。

刚出炉的肉火烧皮酥里嫩、汁水四溢。吹一下，热气裹着肉香扑面而来；咬一口，唇齿之间香味弥漫，焦脆的面皮和多汁的肉馅交融，咸香与柔嫩在味蕾中轮番炸裂。每一个离乡的人回到潍坊，都会迫不及待地点上几个烫嘴的肉火烧，家的味道立刻就找到了。

在穷苦年代，肉火烧是一种奢侈品。随着时代变迁，肉火烧逐渐成为一道大众美食。馅也由纯肉发展出了韭菜鸡蛋、茄子、海带、豆腐，甚至鸡柳、小龙虾等种类，以满足食客的不同需求，但是纯肉馅肉火烧的江湖地位仍不可撼动。

化不开的浓浓乡情，抹不去的文化记忆，浓缩在每一口肉火烧里。一顿肉火烧早餐，已是潍坊人幸福生活所不可或缺的。这种不经意间的细碎感念，已经刻入潍坊人的骨血，历久弥新。

上 │ 豆腐脑或豆浆，是肉火烧的老搭档。

下 │ 烤制肉火烧时，要掌握好火候。这个步骤很考验师傅的手艺。

朝天锅

【潍坊市寒亭区】

　　朝天锅属于鲁菜，是潍坊三大传统名小吃之一。"逢二排七大集间，白浪河畔人如山。寒流雪翻火正红，下水香锅面朝天。"这首诗描绘的是老潍县（即现在的潍坊市）白浪河沙滩大集上人山人海，朝天锅备受老百姓喜爱的情景。

　　因其独特的食材，老一辈潍坊人也称其为"杂碎锅子"。热气腾腾的锅里煮着猪头肉、猪肝、猪肠、猪肺、猪心、猪肚、驴肉等，配上柔韧筋道的薄饼，再撒上一层脆香的芝麻盐，一口下去，香味四溢。瘦肉筋道而不柴，肥肉香软而不腻，芝麻咸酥香脆，香菜末更是提味。朝天锅的肉汤也是一绝，汤中加入香菜、葱花、胡椒粉等佐料提味，汤色鲜亮，回味无穷。起初制作朝天锅时不盖锅盖，且都在室外，大锅的锅口正朝着天，"朝天锅"这一形象的名号便由此而来。如今的朝天锅已经从室外搬到了室内，但热火朝天的氛围依旧很浓厚。朝天锅带给潍坊人的不仅是可暖胃的温度，还有可暖心的温情。

　　潍坊朝天锅历经时代变迁，不变的是潍坊人对于美食的追求和热爱。咬一口越嚼越香的薄饼卷肉，喝一口清爽的热汤，闭上眼睛，眼前仿佛出现了繁华的集市，耳边似乎传来了摊贩的叫卖声。

上 | 热汤里加入香菜末，顿时清香扑鼻。
下 | 薄饼可用来卷肉、卷菜、卷鸡蛋，当地人最中意的吃法是卷猪肉块。

酥皮糖糕

【济宁市鱼台县】

济宁市鱼台县位于鲁苏交界处，东临微山湖，因境内有鲁隐公观鱼台遗址而得名，素有"鱼米之乡、孝贤故里、滨湖水城"之美誉，拥有"鱼台龙虾""鱼台甲鱼""鱼台毛木耳"等国家地理标志产品。良好的生态环境和厚重的历史文化滋养着这片肥沃的土地，也孕育了丰富的美食文化。

近年来，鱼台人的早餐日渐丰富，其中最负盛名的要数石记永福酥皮糖糕。它起源于1918年，传承至今已有100多年的历史，早已成为老县城的名片之一。

据石记永福酥皮糖糕传承人石俊明介绍，早期他沿用的是传统做法，但总觉得做出来的酥皮糖糕口感欠佳。1981年，他开始在和面、比例搭配、火候等方面进行各种尝试，终于做出了外酥里嫩、香甜可口、与众不同的酥皮糖糕。

在当今时代，早餐与健康的关系越来越被人重视，酥皮糖糕的发展亦见证了人们理念的更新。越来越丰富的美味早餐，点亮了鱼台人的日常生活，也点亮了鱼台人的美好未来。

上 | 传承 100 多年的石记永福酥皮糖糕，是鱼台县的名片之一。
下 | 美味又健康的酥皮糖糕，是鱼台人早餐桌上的必备美食。

辣豆腐，肉火烧

【淄博市张店区】

每个人的胃里都有一只"猫"，当我们感到饥饿的时候，这只"猫"就开始咕噜咕噜地抗议了。它远远地就闻见了食物的香气，然后引领着我们找到美味佳肴。

在这只"猫"的引领下，我们探索着这座城市的美食，也搜寻着城市和人的故事。

王伯经营的早餐店铺已经开了十多年，一句"老样子"是食客与王伯的默契，一碗热腾腾的辣豆腐、几个香酥可口的肉火烧更是无数淄博人心中家的味道。

王伯说，在他的人生中，做食物与做人一样，要货真价实、表里如一。王伯始终坚持把食物做出老味道，将顾客放在第一位，把最好的品质呈现给每一位顾客，将"淄"味与招牌传承下去。

这家小小的店铺见证了王伯的小康之路，也见证了淄博日新月异的发展。

上｜一碗辣豆腐、几个肉火烧，是淄博人的早餐标配。

下｜肉火烧香酥可口，在为食客带来美味的同时，亦提供一早上的能量。

淄川肉烧饼

【淄博市淄川区】

淄川肉烧饼是淄博市的一种传统美食，其特点是饼皮香脆、馅肉鲜美。

黎明时分，街头巷尾大大小小的店铺前，都排起了长队。刚出炉的肉烧饼香气四溢，掰开饼皮，那满满的肉馅散发出诱人的香味。咬上一口，面饼、芝麻、腌肉三味合一，脆与嫩、咸与香配合得恰到好处，口感美妙而丰富。

小火慢烤，经时光淬炼的不只是味道，还有传承的技艺和精神。一块朴素的淄川肉烧饼，所凝聚的是当地人的浓浓乡情。

2016年，淄川肉烧饼制作技艺被评为山东省省级非物质文化遗产。在对传统技艺的传承中，它散发着独特的味道，让在外闯荡多年的游子念念不忘；它似一缕乡愁，萦绕于每一个淄博人的心间。

上 | 经高温烤制，肉烧饼新鲜出炉。

下 | 掰开刚出炉的肉烧饼，饼的麦香混合着肉香扑面而来。

91

04

海南

HAINAN

肠粉

【海口市】

　　海口市龙华区西门外，有一家伴随许多海口人成长的小店。这家店位于一条巷子里，装潢很朴实，不算特别亮眼，但干净明亮。店里的招牌是肠粉，料足、味美。店家将提前制好的米糊和着肉沫、鸡蛋、鱿鱼丝、小虾米、香菇碎，以及青菜、豆芽等配菜，放入容器内蒸熟。满满一盘肠粉，鲜香中透着软糯，软糯中带着筋道，十分爽口。

　　多年前，小店的店主推着小吃车在海口人民广场上吆喝叫卖；多年后，她的小吃车变成了干净敞亮的餐饮店，味道却始终如一。一位食客说道："这份肠粉才五块钱，料多又好吃，我都吃了八年了。现在新店开张，我又追到了这儿。"

入口回味无穷，以慰老饕。

加足配料的肠粉色泽诱人，是软糯鲜香的美味。

辣汤饭

【海口市】

　　海口骑楼老街是海口市较为特色的街景之一。和骑楼老街一样闻名的，还有这条街上的"老味道"——辣汤饭。

　　辣汤饭，米饭是主食，汤是精髓。将猪舌、猪心、猪肚等食材依次下锅熬煮，将新鲜的汤配上酸菜和海南本地产的白胡椒，这道美食仿佛有了灵魂。一口辣汤、一口米饭，再配上煎蛋和炸得刚刚好的腊肠，独特的味道让人唇齿留香。

　　海口最早的骑楼建于水巷口一带。水巷口是海口最早的渡口码头。码头工人们早起干活儿，吃上一碗味鲜料足的"豪华"辣汤饭，一整天都干劲满满。辣汤饭也因此得以流传，渐渐成为海口人记忆中的老味道。

做好一碗辣汤饭，好的食材是关键。

辣与酸，触及舌尖，直抵灵魂。

抱罗粉

【文昌市】

文昌市
融媒体中心

半汤半卤抱罗粉，是记忆中的美味。

文昌，位于海南岛东北部，境内有多条河流入海，因此成就了这片广袤的平原。农耕文化在这里世世代代传承、积淀，进而酝酿出流传百年的佳肴。

抱罗粉，因其发源地文昌市抱罗镇而得名。相传，抱罗粉早在明代时就享誉琼北一带。文昌人将大米淘净后磨成米浆，装入布袋挤出水分，再将布袋放入清水中浸泡，抖出粉团后加入食用油、香油和清水，再放入穿有很多小孔的特制容器中进行挤压，落入开水便成了粉条。粉条刚熟便捞起，过凉水后沥干。在这个过程中，米糊的水量和粉条入水的时间，是制作粉条的关键。

抱罗镇一带自古盛产花生，抱罗粉里的辅料一开始只有炒熟的花生米。现如今，抱罗粉的辅料十分丰富，牛肉干、猪肉干也成了必备食材。不少店家会自制肉干，还会加入独特的秘方，这让当地每家抱罗粉店的味道都不一样。对文昌人来说，抱罗粉是早餐、是午饭，也是夜宵。一碗米粉、一勺咸卤、一捧花生米、一把肉干，再用碧绿的香菜、香葱加以点缀……这份文昌滋味，传承了数百年，养育了十几代人，是文昌人终其一生可堪寻访的味道！

花生米、酸菜、牛肉干等配料随意挑选，
卤抱罗粉、汤抱罗粉，或半汤半卤抱罗粉全凭顾客喜好。

吃茶

【文昌市】

吃茶，是一种盛行于海南的饮食文化。大街小巷，各种各样的茶店林立。漫步在街上，每隔50米左右，就会看到一家座无虚席的茶店。

文昌人吃茶的历史可以追溯到清末民初，与当时的"下南洋"大潮同步。最早，人们在由茶叶制成的清茶中加入阿华田、咖啡、炼乳等来调味，这种吃茶的习惯延续至今。直到现在，老文昌人每年仍会准备咖啡、炼乳等年货。

如今，人们喜欢三五成群地相约在茶店吃茶，这俨然成了文昌人休闲娱乐、交友联谊的新方式。

文昌人吃茶，不仅是喝一杯茶水，还要食用各种点心。在家吃茶时，人们会配上京果、饼干、角酥等；在茶店里吃茶时，则会配上菠萝包、煎堆、糍粑、凤爪等。一杯唤醒清晨的早茶、四五碟色香味俱全的茶点、三五知心的老友，文昌人的一天便开始了。

搭配早茶的蛋黄流心夹心包和多口味菠萝包,令人垂涎欲滴。

左上 ｜ 待泡的茶料（柠檬、红茶、红糖等）安静地躺在透明杯子里，等待被光顾。

右上 ｜ 文昌人夏天最爱喝冰红茶。大锅熬制好的红茶，加入冰块、白砂糖，清凉可口。

右下 ｜ 黑咖啡为当地老人的最爱；现调奶茶，海南本地人称其为"茶滴"，是大多数人喜欢的早餐茶饮。

汤粉

【屯昌县】

黑猪肉汤粉是独属屯昌人的早餐。在众多汤粉店中，位于屯昌县中兴路的一家店可谓一绝，其以汤粉做法讲究、吃法独特、味道鲜美而远近闻名。

每天清晨，老板便店里店外地忙碌着。店里面人声鼎沸，三五成群的食客围坐在餐桌旁。陶锅里文火温煮着的骨汤，浓香扑鼻，令人垂涎欲滴。客人落座后，先泡上一壶绿茶，以茶净口，以便接下来细细品尝黑猪肉汤粉的鲜美。

食客得先根据自己的喜好选择搭配的食材，这样能保证汤粉可以最大限度地满足食客的口味。随后，厨师将黑猪肉放入陶锅中。十分钟后，骨汤滚烫，黑猪肉也煮好了，再以胡椒粉去腥、入味。食客们可先喝一碗肉汤，再端一盘嫩滑的粉条，将其放入砂锅微微烫熟，再捞出放入汤碗，撒上葱花或本地的酸菜……就这样，一碗鲜香可口的屯昌汤粉就完成了。

这种独特的调味方式蕴含着屯昌人的生活智慧——一碗看似平淡的汤粉，能让人品出人生百般滋味。

一碗香浓的汤粉，令人垂涎三尺。

左 | 热腾腾的食材出锅，即将与骨汤、米粉相遇。

右 | 本地黑猪骨熬制的骨汤，配以海南的胡椒粉，滋味醇厚，鲜美诱人。
将搭配好的食材烫好捞出，撒上配料，一碗地道的屯昌汤粉就完成了。

后安粉

【万宁市】

后安粉出自万宁市濒海小镇后安，是海南家喻户晓的早餐美食。

想要得到一碗味道鲜美的后安粉，关键在于汤汁的制作和米粉的选择。用新鲜猪骨做锅底，加入少许胡椒粉、盐、味精等调料，熬制四个小时以上。这样熬出的汤清甜鲜美，可口开胃。米粉最好是手工制作的，厚薄、大小也有讲究。除此之外，配料也不可或缺，包括猪瘦肉、猪内脏、虾酥和葱花等。其中的虾酥香脆可口，回味无穷，是后安粉的一大特色。其做法是将新鲜的后海小虾剁碎后，蘸取适量面糊，放入油锅中炸熟。

有了鲜美的汤汁、嫩滑的米粉、琳琅满目的配料，就可以调制后安粉了。将米粉在滚烫的清汤里焯熟、滤干后，倒入碗中，浇上熬好的猪头汤，把一早备好的猪瘦肉、大肠头、粉肠和猪腰等放入碗中，再加入葱花和虾酥，一碗香气四溢的万宁后安粉就完成了。

鲜美的后安粉，选用后安米粉、猪瘦肉、猪大肠、猪粉肠、猪肾、猪头汤、虾仁、鸭蛋和坡芹等加工而成，是当地人的早餐首选。

后安粉的汤清甜鲜美、可口开胃，
再加上各种配料，更是香气四溢。

杂粮面

【 琼海市 】

无论是在城区，还是在乡镇，无论是在高楼大厦间，还是在长街曲巷里，杂粮店的身影都随处可见。高粱椰丝粑、脆皮高粱卷、南瓜饼、玉米烙……各式各样、别具特色的粗粮点心，总能让人垂涎欲滴。

提到琼海的杂粮店，就不得不提五谷杂粮面。五谷杂粮面是由高粱、玉米等多种杂粮制成的面条，配上黄花菜、胡萝卜、冬菇、木耳等，再加入浓浓的高汤烹制而成。五谷杂粮面看起来品相诱人，吃起来鲜美爽口，既营养又美味。

多年来，琼海的杂粮小吃就地取材、代代相传，不仅浸透着当地的风土人情，也由此发展出"原始生态、土生土养、土里土气、五谷养生、生生不息"的琼海美食文化。

杂粮面有多种吃法，可炒，可煮，可卤。

上｜给杂粮面浇上浓郁的卤汁。
下｜杂粮面美味可口。

烤乳猪

【临高县】

对于临高人来说，一天是从吃烤乳猪开始的。一份烤乳猪、一碗米饭、一杯米酒，临高人这种独特的早餐组合，在海南可谓独树一帜。

临高烤乳猪，表皮酥脆、肉质细嫩、骨味香酥，因出自海南省西北部临高县而得名，是海南著名的美食特产。制作烤乳猪时，一般选用十公斤以内的小猪仔，破开脊骨，压至扁平，使其贴紧桌面，再用刀锋在其里层打上花刀，让腌制调料充分渗入肉内。

调料制作是烤乳猪最主要的工序。按比例配备好食盐、白砂糖、葱、姜、蒜、红腐乳等香料或调味品，加适量白酒和红酒搅拌成糊状，擦拭于乳猪里层，再在乳猪表皮上涂抹蜂蜜水，随后将乳猪放在木质炭火上，以文火烘烤。烤制时要不停翻动，用钢条敲打表皮以便排气，用毛巾擦拭表皮吸掉水分，并涂抹香油、蜂蜜水，这样烤出来的乳猪才能皮脆而不破，颜色红润又美味。四五个小时后，焦红油润、光亮动人、色香味俱全的烤乳猪就制成了，观之令人胃口大开，食之令人回味无穷。

临高烤乳猪以皮脆、肉细、骨酥、味香而闻名。

05

浙江

ZHEJIANG

鱼肉小笼包

【杭州市淳安县】

杭州市淳安县的千岛湖有着"天下第一秀水"之称。千岛湖湖面平静,湖水清澈甘甜。所谓好水养好鱼,千岛湖有机鱼肉嫩无腥,味美可口。无独有偶,在200多公里外的嵊州市,早餐桌上一屉屉热气腾腾的小笼包,正散发着阵阵诱人的香气。

在淳安县,当地渔民发挥创新精神制作出的鱼肉小笼包,将千岛湖有机鱼的细腻肉质和传统嵊州小笼包的弹牙口感完美融合。其汤汁制作也大有学问:将新鲜猪大骨与去指甲的鸡爪,用小火慢炖一整天,由此熬制而成的高汤呈乳白色,浓稠鲜美,香味诱人。用雪花面粉制作成面皮,包入带有青葱和高汤的馅料,捏成有着16道褶皱的小笼包,可谓"胸怀大馅、腹存良肉"。擀皮、拌馅、称重、捏包……经过十几道工序,一个个鱼肉小笼包"整装待发"。

小笼包白生生、粉嫩嫩,形似宝塔,整体呈半透明状,细看之下,可见内部汁水。用筷子小心翼翼地夹起,一口一个刚刚好。

"胸怀大馅、腹存良肉"的鱼肉小笼包。

上 | 比拇指略大的小笼包，有16道褶皱。

下 | "整装待发"的鱼肉小笼包。

临海麦虾

【台州市临海市】

临海麦虾是台州市临海市的传统地方美食之一。清晨，选一家熟悉的老店，吃一碗热乎乎的麦虾，便是一天幸福的开始。一边吃麦虾，一边话家常，是大多数临海人的日常生活画面。

临海麦虾物美价廉，食材新鲜。其做法是将调制好的面粉用竹棒子沿盆口刮出一条条筋道的麦虾，下锅煮熟后放入萝卜丝、鸡蛋、鲜虾、牛肉等食材。其中牛肉需选用腱子肉，卤制五个小时，香气四溢。

麦虾是临海的家乡味道，是远在他乡的游子的亲切记忆，也是八方游客慕名而来的必点美食。

随着时代的发展，为了满足顾客对新口味的需求，临海麦虾在单一的牛肉麦虾基础上增加了牛杂麦虾、三鲜麦虾、小排麦虾、姜汤麦虾等种类，既保留了麦虾原始的风味，又增添了丰富的口感。无论何种口味的麦虾，都是临海美食的一张闪亮名片。它是特色早餐，是家乡味道，更是文化印记。

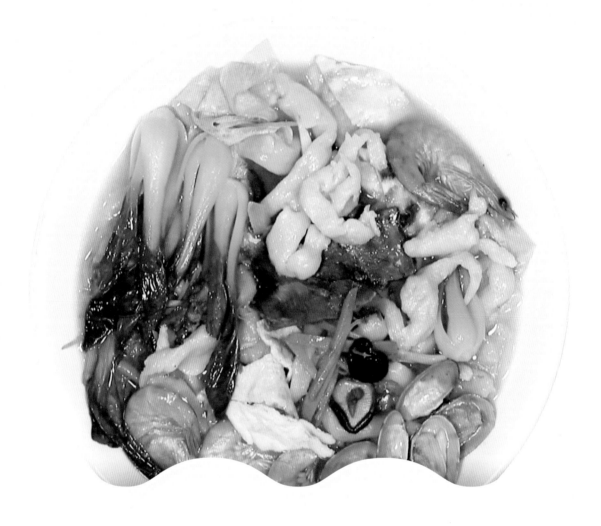

配上萝卜丝、鸡蛋、鲜虾、牛肉、油菜等食材，一碗鲜美的麦虾就完成了。

上 | 麦虾还煮在锅里时，就已香气四溢。

下 | 一碗麦虾，飘散着家乡的味道，也牵动着游子的心。

上卢馄饨

【东阳市】

　　东阳江贯穿东阳全境，把东阳分成南北两半，清澈美丽、源远流长。一方水土养一方人，也养出了一方美食。东阳馄饨，尤其东阳上卢馄饨闻名遐迩，附近的人都喜欢到上卢吃上一碗。上卢馄饨承载着游子的乡情，四海漂泊的游子回到家乡后，想吃的第一口美味就是上卢馄饨。

　　上卢馄饨以皮薄、个小、馅嫩、汤鲜、烧制方便而闻名，可与其他小吃相佐，如麦角、肉饼、烤豆腐、羊肉等。上卢馄饨选用精多肥少、软硬适中的五花肉做馅，配以全手工擀制的馄饨皮，这样吃起来口感才够韧。

　　上卢馄饨的烧制过程很是讲究。采用原始的锅台，用松柴爿烧火。松柴爿火焰旺、火性急，能在很短的时间内把热量逼入皮薄馅嫩的馄饨内。一锅清汤，杉木锅盖盖于其上，锅盖下的上卢馄饨在沸腾的汤中若隐若现……几分钟后，一碗美食就上桌了。夹起一个，放进嘴里，舌头碰到轻薄的皮，清爽的香气便争先恐后地进入味蕾。再轻轻咬一口，新鲜的猪肉和浓郁的汁水滑落舌尖。这个过程绝对是一种享受！

上 ｜ 晶莹的上卢馄饨在沸腾的汤中若隐若现。

下 ｜ 一碗热气腾腾的馄饨，咬上一口，唇齿生香。

花式早餐

【台州市路桥区】

软糯可口的嵌糕、鲜香美味的肉包、咸甜皆可的豆腐脑、食材丰富的炒面……说起早餐，路桥人如数家珍。

嵌糕被誉为"路桥早餐一霸"。糯米经传统方法蒸煮，再历经无数次手工捶打，转化为软糯的年糕。根据个人偏好，用各色菜肴做馅，再来一勺红烧肉汁，那个味道，谁不称一句"完美"？从童年到中年，这老味道陪伴了顾客几十年。

说起来，路桥的传统早餐又怎能少了肉包？松软柔韧的包子皮里包着鲜肉香葱馅，皮薄馅大，一口咬下，鲜味十足，那叫一个正宗！这味道，让人连吃好几个都停不下来。

食饼筒和豆腐脑也深受路桥人喜爱。现煎的饼皮口感筋道，现做的辅料鲜美异常。巧手一包一滚，食饼筒就完成了。再加上一份撒了紫菜、油条块、虾米、小葱的豆腐脑，荤素搭配，营养美味。

一般来说，勤劳的店家凌晨两三点就开工了，到七八点正式营业的时候，准备工作往往已经完成了大半。在宣纸般柔软的清晨里，路人们只要闻到早餐铺子里飘来的烟火味道，满身的疲倦感就被一扫而空了。

左上 ｜ 咸甜皆可的豆腐脑，营养美味。
右上 ｜ 炒米面亦是路桥人的心头好。
左下 ｜ 美味可口的嵌糕被称为"路桥早餐一霸"。
右下 ｜ 巧手一包一滚，食饼筒就完成了。

米粿

【杭州市桐庐县】

在杭州市桐庐县，已有百余年历史的米粿，是当地人早餐时的一道美味佳肴。

每到春节、端午、中秋等传统节日，家家户户就开始制作米粿，将其作为招待亲朋好友的优质小吃。米粿软糯的表皮，包裹着丰富的菜馅儿，成为许多桐庐人记忆中的家乡味道。

米粿是桐庐县富有代表性的民间传统美食，其制作技艺代代相传，已经成为传承和弘扬传统文化的重要载体之一。如今，桐庐县米粿的制作已经实现了从传统手工到自动化、标准化的转变。

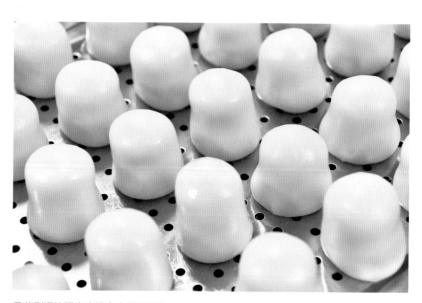

晶莹剔透的桐庐米粿令人垂涎欲滴。

有嚼劲的糯米皮，包上笋、五花肉、豆腐干等食材，就成了桐庐人喜爱的米粿。

06

河北

HEBEI

吊炉烧饼

【黄骅市】

早餐的种类五花八门，早餐的形式千变万化，但黄骅人钟情的美食却始终如一，那就是吊炉烧饼。

吊炉烧饼所用的面粉是由当地特产的旱碱麦磨制而成的，其粉性松散不粘手，韧性强、耐蒸煮，用这种面粉烤出的烧饼麦香十足。烧饼表面撒上芝麻、混着糖衣，经过炭火的烤制后，面与芝麻完美融合，松脆香甜，正是黄骅好味道。

吊炉烧饼的吃法丰富，可夹肉、夹白糖、夹油条、夹蔬菜串等。切好的烧饼搭配浓汤，烧饼的筋道与汤汁的细腻充分融合，一汤一饼，一软一硬，成就了独特的黄骅味道。

米中看世界，箸间话变迁。吊炉烧饼在满足黄骅人早餐需求的同时，也成了黄骅人记忆深处的家乡味道，成了黄骅人红火日子中不可或缺的风景。

2009 年，黄骅吊炉烧饼制作技艺被评为河北省省级非物质文化遗产。

黄骅吊炉烧饼松脆香甜，咬一口唇齿留香。

吊炉烧饼的吃法丰富，可夹肉、夹蔬菜、夹咸菜。

海鲜饹饸汤

黄骅市
融媒体中心

　　黄骅市地处渤海湾穹顶处，这里的海产品有着别样的鲜美滋味。清晨的码头上，工人们赶海归来。早船载满鲜活的鱼、虾、蟹、贝，这些海货很快将被送往黄骅人的厨房。

　　黄骅人的早餐桌上常有海鲜，这对热爱海鲜的人来说实在是一件幸运的事。当地特色早餐中，最让人念念不忘的就要数那道海鲜饹饸汤了。海鲜饹饸汤的食材丰富，有蛤蜊、鲜虾、鲜鱼、扇贝、鸡蛋、青葱、菠菜、玉米面、面粉等。其中的面粉是当地旱碱麦制成的面粉。盐碱地里生长的麦子富含钙、钾、铁、锌等微量元素，品质极佳，用这种面粉做出的面食绵软筋道，口感上佳。

　　海鲜饹饸汤色泽鲜艳、汤醇味浓、口感鲜美，但各家各户做出的口味却有细微差别。一般来说，海鲜、配菜、配料，喜欢什么就放入什么。不论是丰盛版还是简易版，海鲜饹饸汤都饱含了海的味道、家的味道。这是大海的馈赠，也是黄骅人的幸福！远在他乡的黄骅游子最想吃的就是父母做的海鲜饹饸汤，汤里充满了暖暖的家乡味、深深的渤海情。

上 | 海鲜尜尜汤必备食材：虾仁、小葱、香菜。
下 | 用黄骅旱碱麦面粉制作的面食绵软筋道。

一道鲜香可口的海鲜杂杂汤，
需加入蛤蜊肉、鲜虾、鲜鱼、扇贝肉、鸡蛋、青葱、香菜等食材。

海鲜忝忝汤配上虾仁、小咸菜等，
味道更加鲜美。

甘记水煎包

【涿州市】

涿州被誉为"京畿要冲"，是一座有着2300多年历史的文化名城。历史积淀、人文底蕴，成就了涿州人丰富多彩的特色美食。

涿州市鼓楼大街上以水煎包为代表的早餐品牌，既满足着百姓味蕾，又体现着城市文化。

水煎包唤醒了涿州人的每个清晨。早餐厨师每天4点起床和面、拌馅、做包子，一锅能出80个水煎包，一天能卖1000多个。6点左右，食客陆续从小城的四面八方赶来，离摊二十步，闻香三回首。

新鲜出炉的水煎包色泽金黄，面皮厚薄均匀，焦脆鲜香。蘸点香醋，撒点辣椒，趁热咬上一口，面香四溢，口感酥脆，肉馅香而不腻，鲜美至极。这时，再来上一碗紫菜馄饨，那滋味堪称绝美！

上 | 等待上锅煎制的水煎包。

下 | 甘记水煎包色泽金黄，面皮厚薄均匀，外皮焦脆，肉馅鲜嫩。

面茶

【涿州市】

涿州市
融媒体中心

　　清晨，早起锻炼的人们在店门前排起长队。热乎的面茶，搭配质地嫩滑、入口即化的"房树豆腐"，唇齿之间便流淌着暖意。随着热腾腾的早餐下肚，美好的一天也开始了。

　　涿州五局面茶跟老北京面茶相似，但有所区别。老北京面茶好用"二八酱"，而涿州五局面茶则用纯芝麻酱，再撒上一层姜粉。

　　店老板说，做早餐生意非常辛苦，也想过放弃，可是看到在店门口等候那一碗面茶的食客，便不觉得累了。从每天凌晨4点开始，面茶店就赠予这座城市独特的烟火气息，而这一坚持就是15年。

面茶、炸豆腐汤、烧饼，
这便是涿州人的标配早餐。

上 | 一碗热腾腾的面茶，再撒上一层姜粉，味道绝佳。
下 | 现烤烧饼、肉夹馍、小咸菜。

07

内蒙古

NEIMENGGU

布里亚特包子

【呼伦贝尔市鄂温克族自治旗】

　　鄂温克族自治旗巴彦托海镇的美食街，以经营布里亚特美食而闻名，而游牧布里亚特美食坊正是这条街的一张美食名片。

　　早上4点，游牧布里亚特美食坊的后厨照常亮起了灯光，店主是位布里亚特蒙古族老奶奶。她原本是名普通的牧民，为了供孙子上学，于2009年搬到巴彦托海镇，开了这家餐厅。每天早晨，她都要亲手准备一天的食材。

　　布里亚特包子是这里的金字招牌。这种包子的特色有二：其一在于形状，包子皮在捏褶子收口时，并不将其收紧，而是留个小口，以便让鲜香的味道扩散开来；其二在于馅料，布里亚特包子被誉为"面团里的手把肉"，包子皮内大块的肉与洋葱相融合，经蒸制激发出鲜香的汁水，一口下去，汤汁涌入口中，味道极其鲜美。

　　蒸好的布里亚特包子白到发光，层层细褶让包子看起来更为精致。八年来，这份鲜香一直刺激着食客的味蕾，甚至很多人起个大早，穿越半个城市来吃一顿。

　　店家老奶奶曾说："在家怎么做包子，在店里就要怎么做。对待客人要像对待家人一样。感谢常客和远方的客人，让我的店热闹起来。"

左 | 在为布里亚特包子捏褶时，要故意留小口，以便香味散出。

右 | 刚捏好的布里亚特包子等待上锅。

奶茶、手把肉

【巴彦淖尔市乌拉特后旗】

　　巴彦淖尔市乌拉特后旗乌盖苏木巴彦淖尔嘎查富海二社，是远离城市的牧区。

　　炒米、奶茶、手把肉，是当地常见的美食组合。大口吃肉，是常见的草原人早餐吃法。羊肉要用大灶旺火烹制，除葱、姜、盐以外不加任何调味料，否则就会破坏牧区羊肉特有的鲜味。这里家家户户都养羊。一年四季中，除了剪羊毛、抓羊绒，其他时间牧民们都放任羊群游走于山间。羊群翻山越岭，如履平地，久而久之练就了一身健壮的肌肉。羊群吃的是山上的沙葱、发菜、苦菜，喝的是山下清澈的山泉水。纯天然无污染的环境，使得羊肉鲜嫩无膻、浓香纯正、富有嚼劲。

　　炒米由糜子炒制而成，而咸味的蒙古族奶茶则用青砖茶和鲜牛奶熬制而成。将羊尾、干羊肉、炒米一起入锅煸炒，焦香扑鼻，倒入青砖茶和鲜牛奶，大火烧开，再与奶皮和果条混合，让人唇齿留香的奶茶就制作完成了。羊肉上桌，由长辈亲手分给大家，这是遵循了千年的习俗。肥瘦相间的羊肉炖得恰到好处、肉香扑鼻，与香醇的奶茶一起，构成了一曲唤醒清晨的乐章。

上 | 用大灶旺火煮出的手把肉香气四溢。
下 | 蒙古族奶茶被誉为中国三大名饮之一。

卢布里俄餐

【满洲里市】

　　满洲里市毗邻俄罗斯，是中国最大的陆路口岸城市，素有"东亚之窗"的美誉。这座中俄文化交融的边境小城，建筑多为欧式，风格独特，城市夜景温馨浪漫。在这里，中俄文化激情碰撞，置身其中，仿佛来到了欧洲小城，举目皆是异国风情，让人流连忘返。满洲里开放、包容的城市气质和精神，让这座小城焕发出无穷的魅力。

　　一壶滚烫的俄式红茶、一片健康的燕麦面包、一抹奶香浓浓的西米丹、一碗地道的俄式红菜汤……这座边陲小城的清晨，飘散着美味又特别的俄式早餐香气。

　　当路边柳枝上的露水还未散尽时，当地的市民和来自全国各地的游客便已陆续走进这家俄式餐厅。有时，俄罗斯姑娘会用略显蹩脚的汉语和极富感染力的笑容迎接食客们。缀满水晶的吊灯散发着柔和的光，来自俄罗斯新西伯利亚的面包师和来自伊尔库茨克的大厨用熟练的手法为食客们烹制着一份份香甜可口的俄式早餐。烤肉、奶酪、红茶的香气混合在一起，让八方食客得以大快朵颐。

俄式面包、果酱和西米丹，组成了风格独特的俄式早餐。

左上 | 色香味俱全的俄式奶油煎蘑菇，令人垂涎欲滴。

左下 | 乌克兰红菜汤色泽红亮，浓而不腻，酸甜可口。

右 | 俄式腌菜清脆爽口，酸中透着一丝甜。

08

湖北

HUBEI

肥肠粉煲

【钟祥市】

钟祥人爱吃肥肠，也爱做肥肠。蒸肥肠、卤肥肠、肥肠渍粑粑……可谓一种肥肠，百种花样。在各式各样的肥肠菜肴中，肥肠粉煲最受老百姓欢迎。

做肥肠，顶要紧的工序便是清洗。新鲜肥肠要先刮出内壁的油脂，用少量食盐和香醋漂洗干净，然后用面粉清洗，再过水除腥，方能下锅炒制。

将洗好的肥肠切成块，油锅里放葱段、姜片、蒜瓣煸出香味，再依次放入肥肠和各种香料进行煸炒。待肥肠五分熟时，放入豆瓣酱，继续炒至酱红色，再加入开水，小火煨至熟烂。瓦煲中的米粉煮到翻腾时，放入一勺肥肠，热气腾腾地端上桌来。肥肠弹牙，米粉爽滑，香辣鲜美。无论冬夏，吃上这么一碗粉肠粉煲，便能身心舒泰。

16年来，有家早餐店吸引着无数回头客。有些食客从儿时起便光顾该店，长大成人后远赴外地求学工作，回乡时仍不忘抽空过来吃一碗肥肠粉煲，重温童年味道。父母要去外地看望子女，也会特意来店里打包一大份肥肠和米粉带去。一碗肥肠粉煲，勾起多少人的回忆与牵挂！

放入青菜、葱花、香菜的肥肠粉煲，让食客百吃不厌。

左 | 肥肠有嚼劲，米粉爽滑。一碗肥肠粉煲，让人回味无穷。

右 | 香糯的肥肠、筋道的米粉、提味增鲜的各种佐料、恰到好处的火候，
共同成就了肥肠粉煲的美名。

09

山西

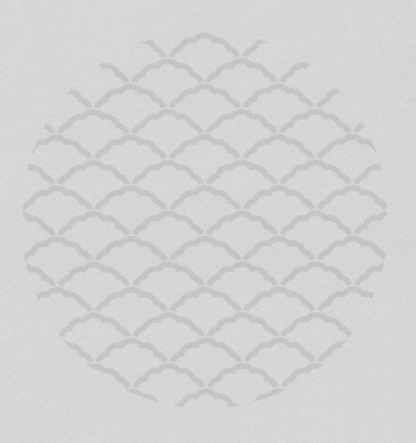

SHANXI

莜面

右玉县
融媒体中心

　　山西省西北部的右玉县，地处晋蒙交界，海拔较高，终年干旱少雨，昼夜温差大，属于半农半牧的高寒地区，产出莜麦、土豆、胡麻等高寒农作物。莜面这种当地特色面食，就是由莜麦加工而成的。

　　右玉莜麦，粒大皮白，低脂、低糖、高蛋白，营养价值高，由其制作而成的食物是当地人的主食之一。莜面的做法和吃法多样，有记载的就有近20种。其中最常见的有：莜面窝窝（也称莜面栲栳栳）、莜面猫耳朵、莜面饺子、莜面洞洞、莜面块垒。右玉人的莜面制作技艺可谓炉火纯青，成品面食如同一件件工艺品，花样繁多，入口绵香，味飘十里。

　　右玉还有诸多小吃，均是人们眼中绿色、健康、营养的食物。种种特色美味跻身千家万户的餐桌，也让"吃在右玉"成为游客眼中的右玉新标签、新潮流。

上 | 莜面可以制作成多种美食，莜面饺子无疑是其中的代表之一。

下 | 莜面窝窝（莜面栲栳栳）做法讲究、口感佳，被誉为山西十大美食之一。

左　|　莜面洞洞搭配蒜汁蘸料，是右玉人的心头好。
右上　|　荞面圪团儿、荞面圪瘩子是右玉杂粮荞面最为常见的做法，大受食客喜欢。
右下　|　压豆面不仅好吃，而且营养价值非常高。

10

四川

SICHUAN

早豆花

【泸州市合江县】

色白质嫩、绵韧细腻的豆花与香醇味美的蘸水糅合，再配上带着木香的甑子饭，挑逗着人们的味蕾，让人辣得痛快、吃得酣畅。合江人的一天便是从这样一碗早豆花开始的。

合江县的置县时间极早，是千年古县。其位于川渝黔接合部，长江、赤水河、习水河在这里交汇，自古便是川黔交汇处的重要水陆交通枢纽。吃合江早豆花能扛饿、除湿，所以它是船夫、脚夫们的早餐佳品。千百年来，合江早豆花代代流传，成了一种独特的地方早餐。

如今，随着人们生活水平不断提高，以往单一的早豆花增加了烧白（即梅菜扣肉）、粉蒸肉、水滑肉等配菜——合江人这特有的早餐日渐丰盛了。

上 | 豆花、蘸水，配上烧白、烧酒，组成合江人的美味早餐。
下 | 合江早豆花蘸水的佐料多达几十种。

11

江西

JIANGXI

嗦粉

【赣州市南康区】

赣州市南康区
融媒体中心

　　在赣州市南康区的每条大街小巷都能寻到嗦粉的踪迹。当人们还在想要吃什么的时候，脚步就已经循着香气走向店内。南康嗦粉品质优良，具有柔韧清香、色泽晶莹、味鲜爽口、风味独特等特点。

　　嗦粉在南康人的每日饮食中不可或缺。滑溜溜的红薯粉外观晶莹、粗细均匀、富有弹性，比米粉更柔韧，水煮不易糊汤，干炒不易断裂，煮后口感爽滑、不粘牙。此外，每天食用少量红薯粉，不仅可以促进肠胃蠕动、缓解便秘，还有利于预防心血管疾病。

　　一方水土养一方人，一方美食养一方文化。极富嚼劲的南康嗦粉不仅是一场舌尖上的享受，更是当地人的童年回忆。而对于这碗嗦粉的执着，早已化为南康老表们不可割舍的故乡浓情。

上 | 红薯粉晶莹剔透，粗细均匀，富有弹性。

下 | 煮熟的红薯粉加入配好调料的汤中，鲜香味浓，是深受南康人喜爱的美味早餐。

鸣 谢

（排名不分先后）

穆鹤林	于 涛	王 友	马宪颖	王 娇	麻 强	张 莉
李 鹏	宋浩然	王晓艳	王兴浩	张 瑞	朱以保	孙书培
杨冰漠	娄 琦	袁 野	卢伟光	马 丽	王 晴	谭之颀
邓向军	张东宇	栾 浩	卢玉恒	徐大伟	王艳梅	薛凤矗
周世成	杨 敏	时 婕	丁晓峰	王云峰	杨 潇	王姝炜
倪晨阳	朱红芳	孔 楠	朱 正	马 炼	黄佳媛	包 宏
陈嘉铭	周 吉	马 超	方玲妹	曹 宝	苗 鑫	金 晓
裴 阳	陈凯文	黄厚立	吕 涛	邱 伟	吕 伟	徐希之
张仁干	赵小石	陈美林	刘进涛	张珺斌	付正泉	陈 虎
陈 丹	王章达	李英杰	陈文龙	朱丽锦	訾 浩	臧家明
马 晨	李 菲	王 建	耿秀伟	石龙迪	李明泽	焦利军
薛 飞	岳云鹏	孟令飞	皮兴军	公黎艳	李鹏程	张继增
贺 雷	贾 宁	马 亮	邱冰菲	赵书腾	任伟东	韩方永
韩奇良	田 霖	郭 慧	崔秀清	姜晓丽	吴 逸	赵峻豪

陈　上	王志豪	杨振鹏	王　伟	刘志伟	魏显海	韩祥雷
任琬月	于帅帅	马　鑫	郭　丽	杨森童	邱鹏翔	姜菁华
赵　浩	张　悦	单斐斐	司志栋	李　莉	车俊燕	王　宁
张志凌霄	陈积流	张凌光	何春光	赵宏阳	俞伟武	王　娟
叶丽锋	吴易蔚	陈诗颖	张筱薇	陈泽宇	李　鑫	黄力思
符为骊	陈津津	林春怡	薛文晖	陈仲学	吴应鸿	何发恒
洪绵章	杜莉莉	李韩智	吴应鸿	张议文	卓琳植	翁世武
杨师忠	何书贤	周　龙	王德友	王　宁	王海洪	肖　韩
王　凯	许宇政	陈日升	胡　俊	王泽华	王　莉	韩　萍
金华琦	方俊勇	杨　奇	王观勇	何笑妍	陆浩明	周倩倩
卢　玮	凌　斌	罗淑尹	叶　成	项　宇	唐丽婷	雷晓明
王　跃	吴　斌	滕义彬	王　凯	马香玲	戴永欣	尹　川
王文成	王俊楼	高永霞	刘　青	康立霞	刘永阔	王　乾
郑玉新	李　胜	崔智慧	杨笑然	张亚南	康海涛	王宇航
刘　乐	姚　君	王聚言	韩　哲	张孟寒	高明明	伊　兰
陈立坤	张雅楠	孙　超	徐红梅	邱培峰	张　鹏	莫　钰
张笑甜	于　波	宋　扬	黄贤翠	沈密峰	邓　伟	刘青春
韩日华	王　涛	曹　军	李月峰	唐雪梅	卢海军	苟儒君
何耀飞	卓　青	曾　莉	钟燕高	黄斌斌		

图书在版编目（CIP）数据

小康中国·千城早餐. 第一辑 / 《小康中国·千城
早餐》栏目组编. -- 北京：当代世界出版社，2022.10
ISBN 978-7-5090-1566-7

Ⅰ. ①小… Ⅱ. ①小… Ⅲ. ①饮食—文化—中国
Ⅳ. ①TS971.202

中国版本图书馆CIP数据核字(2022)第036695号

书　　名：小康中国·千城早餐
出 品 人：丁　云
监　　制：吕　辉
项目统筹：高　冉
责任编辑：李玢穗　　高　冉
出版发行：当代世界出版社
地　　址：北京市东城区地安门东大街70-9号
邮　　编：100009
编务电话：(010) 83907528
发行电话：(010) 83908410（传真）
　　　　　13601274970
　　　　　18611107149
　　　　　13521909533
经　　销：新华书店
印　　刷：北京汇瑞嘉合文化发展有限公司
开　　本：787毫米×1092毫米　　1/16
印　　张：11.75
字　　数：100千字
版　　次：2022年10月第1版
印　　次：2022年10月第1次
书　　号：ISBN 978-7-5090-1566-7
定　　价：88.00元